统计

我超喜爱的趣味数学故事书

课外活动

纸上魔方 著

U0394919

北方妇女儿童出版社
长春

图书在版编目（CIP）数据

　　课外活动：统计 / 纸上魔方著 . — 长春：北方妇女儿童出版社，2014.4（2024.7重印）

　　（我超喜爱的趣味数学故事书）

　　ISBN 978-7-5385-8181-2

　　Ⅰ . ①课… Ⅱ . ①纸… Ⅲ . ①数学—儿童读物 Ⅳ . ① O1-49

中国版本图书馆 CIP 数据核字 (2014) 第 049776 号

编委会

任叶立　　徐硕文　罗晓娜　　王　菲　余　庆

徐蕊蕊　　陈　成　李佳佳　　尉迟明姗

课外活动·统计

KEWAI HUODONG · TONGJI

出 版 人	师晓晖
责任编辑	曲长军
插画绘制	纸上魔方
开　　本	889mm×1194mm　1/16
印　　张	2.5
字　　数	20 千字
版　　次	2014 年 4 月第 1 版
印　　次	2024 年 7 月第 11 次印刷
印　　刷	吉林省信诚印刷有限公司
出　　版	北方妇女儿童出版社
发　　行	北方妇女儿童出版社
地　　址	长春市福祉大路5788号
电　　话	总编办：0431-81629600　发行科：0431-81629633
定　　价	19.80 元

数学就是这样有趣

　　数学有什么用？为什么学数学？对于许多小朋友来说，数学不仅是一门比较吃力的功课，枯燥、乏味的运算更让孩子心生畏惧。而数学原本就是一门来源于生活的科学。孩子们日常生活中的小细节、小故事，都蕴藏着丰富的数学知识，只要你稍加留心，就会发现无处不在的数学规律。

　　《我超喜爱的趣味数学故事书》正是抓住了这一规律，通过讲故事、做游戏，激发起孩子学习数学的兴趣。把抽象枯燥的数学知识，转化成看得见、用得到的生活常识，让孩子们通过故事与漫画，更加直观而轻松地认识数学、爱上数学。全书更重在培养孩子解决问题的思考方法，提高孩子逻辑思维能力和综合素质。

　　与此同时，编者还巧妙地将数学知识穿插在故事当中，这些入门知识的反复出现，更有利于孩子们加深记忆，掌握学习数学的技巧。

　　更值得一提的是，这套《我超喜爱的趣味数学故事书》还真正为父母们提供了一个和孩子共同学习的机会。在每一本分册的末尾，都有编者精心设计的互动园地。在这一板块中，父母可以更直观地看到书中所讲述的知识点，了解孩子的学习进度，结合实际应用，帮助孩子们进一步理解数学的意义，掌握数学知识。

　　相信这套《我超喜爱的趣味数学故事书》，一定会让孩子们认识到数学之美，轻轻松松爱上数学，学好数学！

　　由于编者水平有限，这套书中一定还有不足之处，敬请广大读者不吝赐教，为我们提出宝贵意见。

"我不想让埃德蒙安排这次课外活动，上次他非要让大家去踢球，好无聊！"

"我希望乔斯是负责人，她很聪明。"

"不，露西最热情！"

1

快下课了，玛莉亚老师决定和同学们商量一下马上来临的两天课外活动应该怎么安排。不过这一次，她希望可以有一名同学来组织活动。

"好了孩子们，不如我们来投票表决吧。迪安，你负责统计结果！"

乔斯

15

"希望乔斯来安排活动的同学请举手。"

"一共15名同学。"迪安数了数人数，把乔斯的名字写在黑板上，又在下面写下15。

"同意埃德蒙当负责人的同学们，请举起手。"

"7名同学。"迪安又在黑板上写下了埃德蒙的名字和数字7。

乔斯

15

“有谁希望露西当选？”
“对，还有布兰达。”

　　"好了迪安，你可以帮大家看看，谁得到的票数最多了。"

　　"玛莉亚老师，露西一共得到了32票。"看看黑板上的数字，迪安很快统计出了结果。

乔斯
15

埃德
7

6

"好吧，露西，这次的课外活动就交给你安排了，不过这次一共有3个班的同学，要一起参加课外活动，你要加油啊，争取让所有的同学都满意！"说着，下课铃响了，玛莉亚老师走出了教室。

露西　　布兰达

32

露西成为课外活动负责人的消息传得很快，课间十分钟休息时，同学们纷纷围了过来。

"我们不想去看电影，我们要去郊游，去郊游！"

"才不要，我要去游乐园！"

"那里不好玩，动物园才有意思呢。"
"太幼稚了，我只想去科技馆。"

乱糟糟的意见，让露西
瞬间后悔当这个组织者了。

"怎么办，好像每个同学都有自己的想法啊！"露西向好朋友布兰达抱怨起来。

"别灰心啊，我们就像刚才一样，让每个同学都说说自己期待的课外活动，"布兰达信心满满地说。

"好吧，试试看吧。"

下午，露西、布兰达，还有她们的好朋友菲比、欧文一起询问同学们关于假期的想法了。不过他们都没想到，真正的麻烦才刚刚开始。 **13**

"天哪，我们四个人整整跑了一下午，还有很多同学被我们漏掉了。"放学的时候，欧文觉得自己已经筋疲力尽了。

"还有很多同学重复了好几次答案，这样的统计结果，根本不算数。"菲比觉得自己完全没有了耐心。

"是啊，我想我还是去找玛莉亚老师道歉吧。"露西说。

"别这样，露西我们还
是有办法的，我们可以让
每个同学把自己喜欢的活
动安排写上去，最后算一
下数量就好啦。"布兰达说。
"好吧，或许我们可以试试。"露西说。

接下来的一天里，露西和她的朋友们给每个人发了一张纸条，让同学们写上自己希望的假期安排和自己的名字。晚上放学的时候，他们终于收集到了 3 个班同学的意见。

　　"明天是周末，到我家来，整理这些
纸条吧！"露西提着一袋子纸条说。

　　"明天见，露西。"布兰达、欧文和
菲比纷纷向露西告别。

"天啊，难道我们要拿着这张写满了1的纸去找玛莉亚老师吗？"露西觉得很难看。

"别吵了，露西，我正要数清楚，一共有多少人想去看电影，被你们打断了，我都忘记数到哪儿了。"菲比也发起火来。

原来，露西找来了一张白纸，每看到一项活动安排，就在后面写下一个1，到最后，这张白纸上密密麻麻的都是1

"我想我们得重抄一遍。"欧文说。

"不，不用这么麻烦。我们只要抄下来活动安排，然后数数后面的数字，每数到10，我就印上一个米奇，这样就会干净很多啦。"布兰达边说边从书包里翻出了米奇图章。是啊，她总是能想到很好的办法。

10 =

　　"布兰达，有23个人
想要去游乐场。"菲比说。
　　"没问题！"布兰达找来一张白纸，写下游乐场几
个字，然后印上了两个米奇，再写上"+3"。

　　"还有这么多人想去看电影呢。一共49个。"欧文说。

　　"好的，我记下了。"和刚才一样，布兰达写下了看电影，然后印上了4个米奇，又写上了"+9"。

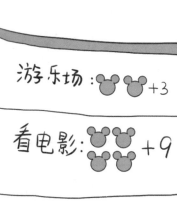

游乐场：🐭🐭 +3

看电影：🐭🐭🐭🐭 +9

化装舞会：🐭 +4

"一共有 14 个同学想自己办化装舞会，或者是联欢会。"露西很快地就弄清楚了同学们的想法。

"还有，这有36个同学，想去参观科技馆、天文馆或者是博物馆。"

26

"想去爬山或者郊游的同学不太多，也许是
因为天气很热吧，一共才 17 个同学。"

爬山.郊游: 🐭 +7

游乐场: 🐭🐭 +3

看电影: 🐭🐭🐭 +9

化装舞会: 🐭 +4

见: 🐭🐭

园: 🐭🐭

游: 🐭

游乐场：🐭🐭+3

看电影：🐭🐭🐭+9

化装舞会：🐭+4

参观：🐭🐭🐭+6

动物园：🐭🐭🐭🐭+1

爬山郊游：🐭+7

　　"好吧，我想，我们已经知道该怎么安排这两天的假期了。"看着手中的记录，露西开心地笑了。

星期一到了，露西拿着自己统计的结果去找了
玛莉亚老师。

"玛莉亚老师，我想我们可以这样安排同学们的
假期了，想去看电影和去动物园的同学是最多的，
其次是参观博物馆。看，这里写着结果。"

"这样的话，第一天，我们上午可以去动物园，下午去看电影。第二天，我们可以去参观博物馆了。"玛莉亚老师看着露西的统计结果，感到很满意。

31

"好的，我想同学们也会很高兴的。"露西说。

"不过露西，还得辛苦你去统计一下，大家想看什么电影，希望去参观什么博物馆。"

"没问题！明天就能告诉您答案！"有了上次的经验，露西信心满满。虽然统计大家的想法并不轻松，不过，想着接下来大家都会玩得很开心，露西还是觉得充满了动力。

气象小组把 6 月份的天气作了如下记录：

1	2	3	4	5	6	7	8	9	10
☀	☀	☁	☀	☁	🌧	☁	☀	☀	☀

11	12	13	14	15	16	17	18	19	20
🌧	🌧	🌧	☀	☀	☁	☁	🌧	☀	☁

21	22	23	24	25	26	27	28	29	30
🌧	🌧	☁	☀	☀	☀	☁	☁	🌧	🌧

（1）把晴天、雨天、阴天的天数分别填在下面的统计表中。

天气名称	晴天 ☀	雨天 🌧	阴天 ☁
天数			

（2）从上表中可以看出：这个月中（   ）的天数最多，（   ）的天数最少。

（3）这个月中阴天有（   ）天。

（4）这个月中晴天比雨天多（   ）天。

（5）这个月中阴天比雨天多（   ）天。

统 计

这是一些关于统计的小常识

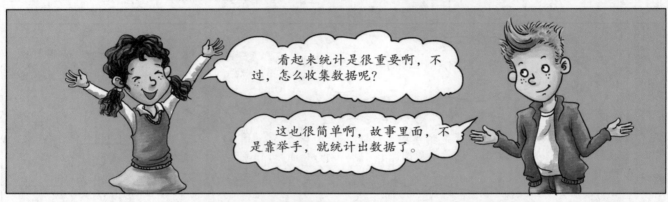